七个世界　一个星球

SEVEN WORLDS ONE PLANET

展现七大洲生动的生命图景

北美洲

[英] 丽莎·里根 / 文　孙晓颖 / 译

科学普及出版社
·北　京·

北美洲概况

北美洲是世界第三大洲，从近北极地区一直延伸至赤道。这使得它成为一片拥有极端环境的大陆。在北美洲，温度从刺骨的零下 40 摄氏度到炙热的 50 摄氏度不等。它曾在地球不同时期与亚洲和南美洲相连、分离。正因如此，各种动物在这里安家，既有北美洲本土的驯鹿和叉角羚、来自南美洲的负鼠和豪猪，也有来自欧亚大陆的野牛、狼和棕熊。

● **国家总数：** 23 个 ● **面积最大的国家：** 加拿大 ● **面积最小的国家：** 圣基茨和尼维斯

● 北美洲完全位于北半球，拥有丰富的**生物群系**，包括草原、沙漠、珊瑚礁、苔原、沼泽和热带雨林。

● **阿巴拉契亚山脉**与东海岸平行，是北美大陆**最古老**的山脉，形成于 3.2 亿 ~2.6 亿年前。

● 加利福尼亚州的**死亡谷**是北美洲**海拔最低**、天气**最热**、气候**最干燥**的地区，通常全年降雨量仅 50 毫米左右。

● 位于美国和加拿大边境的**苏必利尔湖**是世界上**面积最大的淡水湖**。

● **格陵兰岛**位于加拿大东部，是世界上**最大的岛屿**。尽管它位于北美洲，但实际上是北欧国家丹麦的领土。

水世界

从最大支流密苏里河源头起算，密西西比河延绵 6 200 多千米，是世界第四长河。密西西比河的干、支流流经加拿大的两个省和美国的 31 个州，是数百种鱼类、鸟类、爬行动物和两栖动物的家园。

● **最大的湖泊：**苏必利尔湖 ● **最高的山峰：**德纳里山（位于阿拉斯加，原名麦金莱山）

北美洲各地发现了大量恐龙化石。

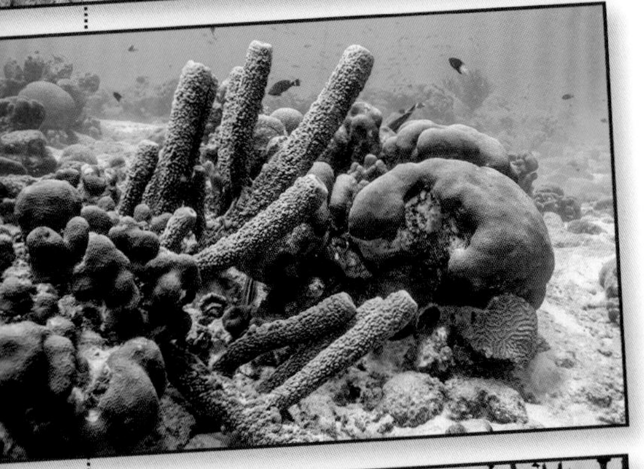

加勒比海美丽的珊瑚礁可以保护海岛免受风暴的侵袭。

夏季，多达 2 000 万只墨西哥无尾蝙蝠来到得克萨斯州的布拉肯洞穴繁殖。这里是世界上最大的哺乳动物聚集地。

穿越北美

北美洲拥有摄人心魄的自然景观、丰富多样的气候和野生动物。北方苔原上生活着耐寒的北极哺乳动物；一路向南，你会经过干旱的山脉、炎热的沙漠、沼泽湿地，以及有着独特风光和动物的加勒比海岛屿。

多灾多难之地

北美洲中部的大草原是一种神奇但具破坏性的自然现象——龙卷风的多发地。这里地势平坦开阔，来自墨西哥湾的暖空气和来自北极的冷空气在此相遇。冷暖气流碰撞并旋转，形成风速达每小时 482 千米的涡旋。由此以南，墨西哥湾沿岸和加勒比地区经常遭受飓风的侵袭。这些热带风暴破坏力极强，每年都会夺走一些无辜的生命。

你知道吗？

- 龙卷风是地球上速度最快的风。
- 北美洲中部地区每年都会发生1 000多次龙卷风。
- 受龙卷风影响最严重的几个州是得克萨斯州、俄克拉何马州、堪萨斯州和内布拉斯加州。这些地区通常被称为“龙卷风走廊”。

北极熊

学名：*Ursus maritimus*

分布：加拿大、美国阿拉斯加、格陵兰岛、挪威和俄罗斯

食物：海豹、白鲸、海象

受到的威胁：气候变化（海冰消融）

受胁等级 *：易危

特征：北极熊是熊家族中的巨人，体长 2~3 米，体形较大的雄性北极熊体重可达 800 千克，比其他熊都要重。它们的毛发是透明的，但由于反射太阳光，因而看上去是雪白的。它们毛发下的皮肤是黑色的，脚掌底部长有毛，因而不会在雪地上滑倒。

* 关于受胁等级的说明，请参阅第 45 页。

什么是海冰？

海冰是漂浮在海面的冻结的海水，其中一些在夏季融化，有些则终年冻结。

北极熊为什么在海冰上捕猎？

海冰是海豹建造巢穴来养育幼崽的地方，因而成为北极熊的绝佳觅食地。

它们是群居动物吗？

北极熊通常独自出行和捕猎。然而，它们也会成群结队地出现在食物充沛的地方。北极熊还会猎杀白鲸等大型动物，并允许同类共享。

北极熊和灰熊生活在同一区域吗？

它们基本不在同一个区域内活动。北极熊通常生活在更靠近北极的地带。不过，有事件表明，灰熊正漫游到北极地区觅食。

扫码看视频

泰然自若的北极熊

认识一下北美洲最大的陆生食肉动物：北极熊。这些生活在北极地区的庞然大物穿越变幻莫测的海冰，长途跋涉寻找猎物，以养活自己和幼崽。

北极熊用硕大的犬齿吃肉。

雌性北极熊会怀孕数月。到了秋天，它会躲进海冰或雪坡洞穴里，在里面产下幼崽，通常是一对双胞胎。

新生的北极熊幼崽浑身光秃秃的，什么也看不见，还没有一个苹果重。

北极熊妈妈的乳汁充沛而富有营养，幼崽们长得很快，不久就可以离开洞穴。在这段时间，北极熊妈妈的体重会下降，因为它无法外出觅食。

北极熊妈妈要花费两年时间照顾幼崽，此后的一年不再生育新的幼崽。因此，北极熊的繁殖率很低。

极地生活

北极熊有厚厚的毛皮和脂肪来御寒，因而能在冰天雪地里生活。它们通过在雪地上打滚来保持毛皮的清洁。它们还在雪地上滑行，越过陡峭的斜坡。这比走路更轻松、更快捷，而且看起来很有趣！

驰骋陆地

它们可以像马一样飞奔，但以这种速度行走不久身体就会变得过热。因此，它们更喜欢以步行的速度缓慢前行。

游泳健将

北极熊是出色的泳者，略带蹼的脚掌适合划水。北极熊的学名译成中文是“海熊”。

守株待兔

追逐或跟踪猎物要比在呼吸孔旁耐心等待更加耗费能量，因此后者是北极熊首选的捕猎方式。

保持温暖

无论在水中、雪中，还是面对刺骨的寒风，北极熊都无所畏惧，因为它们的身体构造足以抵御北极零下 40 摄氏度的低温——两层毛皮、小耳朵、短尾巴，有助于减少热量散失。

小小旅行家

这是一只星蜂鸟（又名卡利奥普蜂鸟）。它体形娇小，即便在蜂鸟家族中也不算大。它是在北美洲繁殖的最小的鸟，也是世界上进行长距离迁徙的体形最小的候鸟。它们被北美洲成千上万种野花吸引，从南方飞来，享用花蜜盛宴。

雌鸟的喉部没有紫红色羽毛，但腹部呈桃粉色。

蜂鸟是唯一可以倒退飞行，甚至仰着飞行的鸟类。

它们住在哪儿？

冬天，它们栖息在墨西哥西南部及周边一些国家的橡树林中。春天，它们向北飞行，飞越约 4 000 千米的路程，来到野花刚刚盛开的草地。

它们能长多大？

它们长得非常小，体长只有 8~9 厘米，翼展仅 10.5~11 厘米，体重和一个乒乓球的重量差不多。

它们如何进食？

它们在花朵旁边盘旋，用细长的喙探入花中吸食花蜜。它们的长舌头伸缩自如，能以每秒 15 次的速度舔食甘甜的汁液。为了捕捉昆虫，它们会停在树枝上休息，然后飞到半空中捕食。

星蜂鸟

学名： *Selasphorus calliope*

分布： 墨西哥、美国、加拿大

食物： 花蜜、树汁，小昆虫

受胁等级： 无危

蜂鸟每天吃的食物重量相当于自身体重的一半。

特征： 雌雄星蜂鸟体形相近，头顶和背部羽毛呈绿色，腹部颜色略浅；此外，雄鸟尾羽呈黑色，胸部羽毛呈白色，而雌鸟的胸部和喉部的羽毛颜色为桃粉色。雌雄星蜂鸟之间最显著的区别是雄鸟喉部长着像扇子一样可展开的紫红色羽毛。蜂鸟的喙又细又长，便于探入花朵。

大显身手

雄性星蜂鸟喉部有与众不同的紫红色装饰，用来吸引雌鸟的注意。雄鸟还会进行激动人心的空中表演：它先向高空飞去，然后俯冲下来，在空中画出一个 U 形弧线；它大声鸣叫，用尾羽发出嗡嗡声；接着，它一次次飞升和俯冲，直到雌鸟被它吸引。

雄鸟的斑纹往往比雌鸟的更亮丽、更独特。

雄鸟喉部紫红色的羽毛展开时就像一朵花。

飞行家

蜂鸟的英文名为“hummingbird”，直译过来是嗡嗡鸟，因飞行时翅膀会发出嗡嗡声而得名。大多数蜂鸟平均每秒扇动翅膀 40~50 次；特殊情况下，有些蜂鸟翅膀扇动频率可达每秒 200 次。

五花八门的蜂鸟

地球上已知有 350 多种蜂鸟。它们都生活在美洲，主要在中美洲和南美洲的热带地区，但有些蜂鸟在春天繁殖季会向北迁徙。蜂鸟大小不一，体形从小小的吸蜜蜂鸟到燕子一般大的巨蜂鸟不等，但它们总体上长得都很小，即便是巨蜂鸟，体重也只有 20 克左右（仅相当于小半块巧克力的重量）。

蜂鸟图鉴

棕煌蜂鸟

在迁徙季节，这些蜂鸟从墨西哥出发，飞行6 000多千米，抵达遥远的阿拉斯加。雄鸟的羽毛是橙色的，喉部颜色更鲜艳，是亮橙色的。

红喉北蜂鸟

它是美国最常见的蜂鸟之一，可以不间断地完成惊人的800千米的飞行，穿越墨西哥湾。

科氏蜂鸟

这种蜂鸟背部有少许绿色羽毛。雄鸟的头部和喉部的羽毛颜色是闪亮的紫色。

艾氏煌蜂鸟

这种蜂鸟的羽毛颜色与棕煌蜂鸟的类似，不过它的翅膀颜色偏绿。

阔嘴蜂鸟

这是一种深绿色和蓝色相间的蜂鸟。雄鸟有一个独特的红喙，喙尖呈黑色。阔嘴蜂鸟进食的时候会不停地抖动尾羽。

安氏蜂鸟

它们是挂在后院的花蜜喂食器的常客，喉部呈粉色，雄鸟的喉部颜色更鲜艳。

宽尾煌蜂鸟

和红喉北蜂鸟一样，它们的喉部也呈明亮的宝石红色，而且它们的尾羽中也有宝石红色的羽毛。它们扇动翅膀时能比其他一些蜂鸟发出更响亮的嗡嗡声。

黑颏（kē）北蜂鸟

这种蜂鸟最显著的特征是长喙。进食的时候，它们还会展开尾羽并不断抖动。雄鸟的喉部呈黑色，下方还有紫色的“衣领”。

它们是草原犬鼠，是生活在北美洲大平原上的一种大型穴居松鼠。

它们的叫声类
似狗叫，因而得
名犬鼠。
草原犬鼠长着短而
有力的腿和锋利的
爪子，善于挖洞。

草原犬鼠

学名： *Cynomys Ludovicianus*

分布： 加拿大、美国、墨西哥

食物： 以植物为主，也吃一些昆虫

天敌： 鹰、郊狼、美洲獾

受到的威胁： 疾病、栖息地丧失、气候变化

受胁等级： 无危

特征： 草原犬鼠有浅棕色的毛皮，能与周围环境融为一体，而腹部通常比背部颜色更浅。它们有小小的耳朵、黑色的眼睛和黑色的尾梢，体长约 30~40 厘米，体重和豚鼠的相近。

社区生活

草原犬鼠分为五种，其中黑尾草原犬鼠生活在被称为“城镇”的“大型社区里”。“城镇”由各家各户在地下挖掘的相互连通的隧道构成，里面有独立的洞穴，或者说房间，用于睡觉和照顾幼鼠。

它们为什么穴居？

穴居不仅可以远离天敌，还能躲避恶劣天气，如冰雹、暴风雪、龙卷风、洪水，以及零上 38 摄氏度至零下 38 摄氏度的气温。

它们的天敌有哪些？

草原犬鼠会受到老鹰和郊狼的攻击，尤其是幼鼠。不过，最大的威胁来自美洲獾。草原犬鼠似乎能针对不同捕食者发出不同的警告声，并采取不同方式应对。

它们一窝产几只幼鼠？

犬鼠妈妈一窝产好多只幼鼠，有时多达八只。

和草原犬鼠一起……高度戒备！

1 嗨！现在出来安全吗？

2 我来看看有没有危险……

3 一切正常！宝贝们该吃饭啦！

4 小家伙们吃了点儿小草当点心。

5 然而，危险总在不远处。快躲起来！

6 这只穴小鸮也要保护自己的孩子。

7 它赶走了獾，暂时安全了。

8 是时候再冒险去地上走一趟了！

战胜热浪

这种沙漠居民叫走鹃，是杜鹃家族的成员之一。你在观察它的行动时，自然会知道它因何得名。走鹃不怎么飞，习惯在地面上捕食。它奔跑起来速度很快，甚至能抓住逃跑的蜥蜴。

雄鸟为伴侣搜集树枝和其他筑巢材料。

走鹃会飞，但飞不远。

高速奔跑

走鹃的奔跑速度可达每小时 32 千米以上，是地球上奔跑速度最快的鸟类之一。

长长的尾羽帮助它们在奔跑中掌控平衡和转向。

X 形脚印

走鹃每只脚有四个脚趾，两个朝前，两个朝后。它们留下的 X 形脚印能迷惑天敌，因为从脚印很难分辨它们正往哪个方向跑。

沙漠英雄

在沙漠里生活格外艰难。走鹃不需要喝水，而是从食物中获得必要的水分。此外，它们的眼周有特殊的腺体，可以排出体内多余的盐分，防止身体脱水。

寻找食物

走鹃的主要食物有蝎子、蜥蜴、蛇、蜈蚣、蛋和腐肉。这片沙漠是走鹃的家园，气温高达 40 摄氏度以上。在一天中最热的时段，它们的许多捕猎对象都会躲起来。

团队合作

走鹃是少数能够捕杀并吃掉响尾蛇的动物之一。它们有时会结伴行动，其中一只分散蛇的注意力，而另一只用强壮的脚控制蛇头，然后用巨大的喙把蛇啄死。

在凉爽的沙漠之夜，走鹃的体温会下降。它将在第二天晒日光浴使体温回升。

你知道吗？

- **走鹃**只生活在北美洲沙漠地区。
- 北美洲有**四大沙漠**：索诺兰沙漠、莫哈韦沙漠、奇瓦瓦沙漠和大盆地沙漠。
- 北美洲所有的沙漠都位于它的**西南部**。
- **大盆地沙漠**是北美洲最大的沙漠，而**莫哈韦沙漠**是四大沙漠中最小、最干旱的沙漠。

慢生活

　　这些行动缓慢、性格温顺的大家伙是佛罗里达海牛。它们是海洋生物，大部分时间都在吃东西、休息，或者长途旅行，以寻找食物和温暖的水域。海牛以植物为食，包括藻类和各种水草。

佛罗里达海牛

学名： *Trichechus manatus latirostris*

分布： 佛罗里达州（冬季）、墨西哥湾

食物： 水生植物

受到的威胁： 污染、气候变化、栖息地丧失

受胁等级： 易危

特征： 佛罗里达海牛的身体又长又圆，有一个扁平的浆状尾鳍，用于划水；身体前面有一对长着指甲的鳍状肢；眼睛很小，鼻孔在鼻子顶部，独特的吻部长满胡须。

它们生活在哪里？

海牛共有三种，分布在世界上的不同区域。它们是亚马孙海牛、非洲海牛和美洲海牛（发现于北美洲）。

它们属于某种鲸类吗？

不是，它们是大象的近亲！但和鲸一样，它们属于水生哺乳动物，终日在水里生活，且必须浮出水面呼吸。

为什么它们看上去是绿色的？

有些海牛的皮肤看上去是绿色的，这是因为它们背部生长着海藻。当海牛游到水面附近时，这些海藻似乎能起到防晒作用。

它们能长多大？

佛罗里达海牛体长可达 3 米，体重有 360~550 千克，比一头雌性灰熊还重！

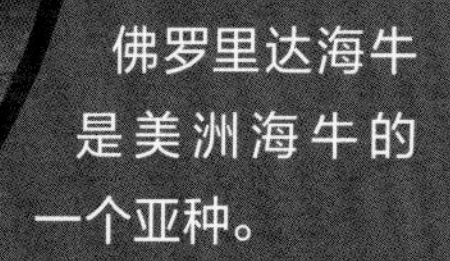

佛罗里达海牛是美洲海牛的一个亚种。

海草是海牛的主
要食物之一。

海牛有能抓取食物的可伸缩嘴唇，类似变形的大象鼻子。

它们可以依靠鳍状肢在河床上行走，还能用鳍状肢把水草铲进嘴里。

保持温暖

尽管外表丰满圆润，但海牛并不像海豹和海象那样拥有鲸脂层，这意味着它们必须在温暖的水域里生活。因此，海牛终年四处游荡，寻找 20 摄氏度以上的水域。每年冬天，人们都能看到佛罗里达海牛泡在天然温泉中，那里的水温足以让它们熬过寒冬，迎来春天。

扫码看视频

很多海牛身上都有被船只的螺旋桨打伤的疤痕。

“没脖子”的大家伙

海牛的颈部骨骼与大多数哺乳动物不同，它们不能转头，只能通过移动全身来观察身后的情况。

水下出生的宝宝

小海牛在水下出生，第一次出水呼吸必须要在妈妈的帮助下才能完成。小海牛从妈妈鳍状肢后面的乳头上吮吸乳汁。通常，雌海牛一次只产一头幼崽，双胞胎很罕见。它可能每两年到五年才生育一次。

美国国宝

这种爬行动物仅生活在美国。它们分布在美国东南部的湿地，从北卡罗来纳州到佛罗里达州，再到得克萨斯州，都有它们的身影。这种外表非凡的生物是美国短吻鳄。

美国短吻鳄

学名： *Alligator mississippiensis*

分布： 美国东南部

食物： 鱼类、蛙类、鸟类、龟鳖类、小型哺乳动物

天敌： 小鳄鱼可能会被鸟类、浣熊、短尾猫和其他鳄鱼捕食

受胁等级： 无危

它们能长多大？

最大的美国短吻鳄长达 4.5 米。雄性鳄鱼长得比雌性鳄鱼长，大多数雌性鳄鱼只有 3 米长。

它们是冷血动物吗？

是的，这种爬行动物是冷血动物，体温随着周围环境变化。你会经常看到它们趴在阳光下晒太阳。

它们是受保护物种吗？

是的。这种鳄鱼是美国国宝，曾一度濒临灭绝，被列入《受胁物种红色名录》。由于美国各州和联邦政府采取保护措施，以及栖息地保护计划的实施，美国短吻鳄的数量再次上升到超过 100 万只。

水中的家园

美国短吻鳄生活在江河、湖泊和沼泽地里。在一些地方，它们用尾巴、脚或吻部在泥沼中挖出一个“鳄鱼洞”。这些“鳄鱼洞”形成的小池塘将成为其他生物的家园、聚集地或饮水点。

冬季来临

美国南部各州的沼泽地在大部分时间里炎热潮湿，但到了冬季，气温降到零度以下，水变得冰冷刺骨。为了减少体能消耗，美国短吻鳄会在浅水区保持静止不动，并将心率放慢到每分钟仅一次。

温度决定性别

小鳄鱼的性别取决于孵化的温度：通常，当温度大于或等于 33 摄氏度时，孵化出的小鳄鱼是雄性；当温度小于或等于 32 摄氏度时，孵化出的小鳄鱼是雌性；当温度在 32 摄氏度左右时，孵化出的小鳄鱼中既有雄性又有雌性。

鳄鱼宝宝

雌性鳄鱼在初夏筑巢，并在由植物和泥土建造的巢穴里产卵。它们一次产约 30 ~ 50 枚卵，有时数量会更多；这些卵在夏末孵化。鳄鱼妈妈通常待在附近照顾小鳄鱼。

猞猁擅于在森林中伪装。

雪中栖息

这种美丽的猫科动物是加拿大猞猁，生活在北美洲的落基山脉。它们是活动区域最靠近北极的猫科动物，那里气温低至零下 30 摄氏度，有呼啸的暴风雪和厚厚的积雪。

它们能长多大？

加拿大猞猁的体形约为家猫的两倍，通常比其他地区的猞猁体形小。

它们擅长捕猎吗？

加拿大猞猁有锋利的牙齿和爪子、敏锐的视觉和听觉，可用来捕捉小型动物。然而，它的猎物很狡猾，加拿大猞猁的捕猎成功率只有大约三分之一。

加拿大猞猁

学名：*Lynx canadensis*

分布：加拿大和美国阿拉斯加

食物：雪兔、老鼠、田鼠、鸟类、松鼠

天敌：灰狼、郊狼

受到的威胁：栖息地破坏、气候变化

受胁等级：无危

猎手与猎物

加拿大猞猁会捕食鸟类、松鼠和田鼠，但它们的主要猎物是雪兔。加拿大猞猁和雪兔联系十分紧密，因此它们的种群数量会相应地周期性升降。当雪兔数量减少时，加拿大猞猁数量也会随之减少。

扫码看视频

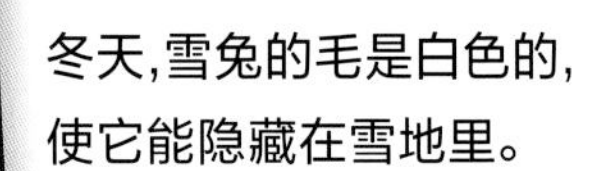

冬天，雪兔的毛是白色的，使它能隐藏在雪地里。

夏天，雪兔的毛变成棕色，使它能和周围环境融为一体。

捕猎行动

加拿大猞猁为了搜寻猎物，每天能走几千米。不过，每十年左右，雪兔数量会达到顶峰，这时，加拿大猞猁在家门口就能找到大量的食物，无须走远。

你知道吗？

- 加拿大猞猁的脚掌很大，宽达10厘米，呈饼状，能不让自己陷入松软的雪地里。脚掌上长满绒毛，能很好地抓地，使自己不易滑倒。
- 它们在黄昏和夜晚捕猎，依靠敏锐的听觉跟踪和抓捕雪兔。为了保持身体健康，加拿大猞猁几乎每天都要吃掉一只雪兔。
- 加拿大猞猁非常擅长攀爬。

筑巢能手

小须美鲹（guì）是一种聚集在北美洲河流和溪水中繁殖的鱼类。为了吸引未来的伴侣，它们会献上一场魅力十足的表演。

这是一条雄性小须美鲹，它正忙着用砾石筑巢来吸引雌鱼。

它将收集 7 000 多块砾石，把它们堆在一起，建造一个金字塔形的巢穴。

雌鱼在砾石间产卵，这样可以保护鱼卵不被捕食或强大水流冲走。

流动的河水会逐渐冲垮“金字塔”，因此小须美鲹不得不在第二年重建巢穴。

小须美鲹结伴筑巢吗？

不，雄鱼独自筑巢，但可能需要赶走其他正在筑巢的同类。雄性小须美鲹经常会偷窃其他雄鱼采集的砾石。

筑巢需要多长时间？

小须美鲹可以用一天左右建造一个令人惊叹的巢穴。它甚至游到 25 米外的地方采集砾石。巢穴越完美，越容易吸引雌鱼。

小须美鲹吃什么？

它们吃昆虫增肥，以获取能量实施庞大的筑巢工程。它们也吃藻类、甲壳类动物、软体动物和一些种类的鱼。

小须美鲹头上的突起是什么？

这些突起叫珠星，通常在交配期出现在雄鱼的头部。

小须美鲹

学名： *Nocomis micropogon*

分布： 美国东部的河流

受胁等级： 无危

搭建巢穴

这种中等大小的鱼在河流生态中发挥着重要作用。它们建造的巢穴能被其他无法独自建造一个大巢的小型鱼类用来产卵。小须美鲅体长仅 30 厘米，但它的巢穴可高达 1 米。

这些橙色小鱼是闪光美洲鲅，它们也来到小须美鲅安全的砾石堆中产卵。

和小须美鲂一起来筑巢！

选哪块石头好呢？
这块看着不错！

1

2 小心翼翼地把它运回巢穴……

3 啊，有入侵者！离我的
石堆远一点儿！

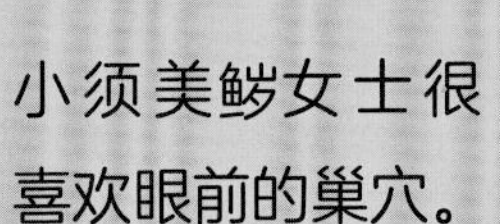

小须美鲂女士很
喜欢眼前的巢穴。

4

5 她选了一条舒适的壕沟，在里面产下……

6 这么多卵！真厉害！

危机四伏的北美洲

人类正在改变地球，这已不是什么秘密，科学家们对此倍感忧虑。他们估计，到 21 世纪中叶，多达 50% 的生物物种可能会灭绝。季节变化越来越难以预测，极端天气事件频发。在这个瞬息万变的世界，变化速度最快的北美大陆将如何适应这些改变呢？

● 在美国，每十年就有 4 000 多平方千米的荒野保护区消失。

风险名录

世界自然保护联盟（IUCN）《受胁物种红色名录》收录了全球动物、植物和真菌的相关信息，并对每个物种的灭绝风险进行了评估。该名录由数千名专家共同编写，将物种的受胁水平分为七个等级——从无危（没有灭绝风险）到灭绝（最后一个个体已经死亡），名录中的每一个物种都被归入一个等级。

- 受气候变化的影响，北美洲众多河流的流量与几十年前相比明显减少，如**里奥格兰德河**和**科罗拉多河**（44~45页图片）。
- 创纪录的**热浪**侵袭北美洲的一些城市，使这些地方遭遇前所未有的极端天气，并在很多地方引发山火。
- 大自然的**平衡**是如此微妙，温度升高会导致一些物种数量激增，而另一些物种消亡，生态系统变得失衡和脆弱。

- **加拿大是地球上变暖速度最快的国家。**

你知道吗？

- 英文中，caribou 和 reindeer 指的都是驯鹿（*Rangifer tarandus*）。
- 一般来说，被称为 reindeer 的驯鹿分布在欧洲和亚洲，而被称为 caribou 的驯鹿生活在北美洲。
- 驯鹿的鹿角又大又弯，每年都会脱落并重新生长。
- 北美洲的驯鹿生活在格陵兰岛、加拿大、美国西北部和阿拉斯加州，被世界自然保护联盟列为易危动物。

动物危机

人类及其生活方式对北美洲的野生动物产生了巨大的影响。人们砍伐树木，填埋湿地，开垦土地进行农业生产，不断攀升的人口迫使越来越多的生物离开它们的自然家园。人类几十年的活动已经让红狼（下图）等物种徘徊在灭绝的边缘。无论在空中、陆地还是海洋，污染、疾病和物种入侵都不断威胁着北美洲本土的动植物。

我们每个人都可以尽全力关心我们所处的世界，并且期待随着对大自然的进一步了解，人们将改变生活方式，使地球成为一个所有生物可以和谐共存的美好家园。

1985 年，野生加州神鹫数量不足十只。尽管在圈养繁殖计划的帮助下，其数量有所增加，但它仍属于极危物种。

一度被认为已经灭绝的黑足鼬再次出现在北美洲。然而，野生黑足鼬仍处于濒危状态，其野外数量不足 300 只。

生活在墨西哥湾的肯氏丽龟是世界上体形最小的海龟，也是极危的海龟物种。

名词解释

鲸脂层 鲸、海豹等全身分布的富含脂质和蛋白的皮下组织，厚度可达 30 厘米，是储存脂肪的主要手段，有助于提供游泳的浮力和保暖。海牛因为要在海底觅食，浮力不能过大，因而脂肪层较薄。

生物群系 根据气候、地理环境和优势物种（树木、草等）所划分的生态系统类型。

苔原 位于极地或高山永久冻土区的，以地衣、苔藓、多年生草本和小灌木组成的没有树林的低矮植被。

穴居动物 生活在洞穴中的动物，有陆生的，也有水生的。

亚种 种下面的分类单位，通常由于同一物种分布在不同区域无法交配繁殖而形成，若地理隔离一直存在，亚种将最终演变为新种。

支流 直接或间接流入干流的河流。

种群 在一定空间中生活、相互影响、彼此能交配繁殖的同种个体的集合。